This Password Log
Belongs To:

_____
_____
_____
_____
_____

A

W E B S I T E :

LOGIN:

PASSWORD:

NOTES:

W E B S I T E :

LOGIN:

PASSWORD:

NOTES:

W E B S I T E :

LOGIN:

PASSWORD:

NOTES:

W E B S I T E :

LOGIN:

PASSWORD:

NOTES:

A

WEBSITE:

LOGIN:

PASSWORD:

NOTES:

WEBSITE:

LOGIN:

PASSWORD:

NOTES:

WEBSITE:

LOGIN:

PASSWORD:

NOTES:

WEBSITE:

LOGIN:

PASSWORD:

NOTES:

A

WEBSITE:

LOGIN:

PASSWORD:

NOTES:

WEBSITE:

LOGIN:

PASSWORD:

NOTES:

WEBSITE:

LOGIN:

PASSWORD:

NOTES:

WEBSITE:

LOGIN:

PASSWORD:

NOTES:

A

WEBSITE:

LOGIN:

PASSWORD:

NOTES:

WEBSITE:

LOGIN:

PASSWORD:

NOTES:

WEBSITE:

LOGIN:

PASSWORD:

NOTES:

WEBSITE:

LOGIN:

PASSWORD:

NOTES:

WEBSITE:

LOGIN:

PASSWORD:

NOTES:

WEBSITE:

LOGIN:

PASSWORD:

NOTES:

WEBSITE:

LOGIN:

PASSWORD:

NOTES:

WEBSITE:

LOGIN:

PASSWORD:

NOTES:

B

WEBSITE:

LOGIN:

PASSWORD:

NOTES:

WEBSITE:

LOGIN:

PASSWORD:

NOTES:

WEBSITE:

LOGIN:

PASSWORD:

NOTES:

WEBSITE:

LOGIN:

PASSWORD:

NOTES:

B

WEBSITE:

LOGIN:

PASSWORD:

NOTES:

WEBSITE:

LOGIN:

PASSWORD:

NOTES:

WEBSITE:

LOGIN:

PASSWORD:

NOTES:

WEBSITE:

LOGIN:

PASSWORD:

NOTES:

B

WEBSITE:

LOGIN:

PASSWORD:

NOTES:

WEBSITE:

LOGIN:

PASSWORD:

NOTES:

WEBSITE:

LOGIN:

PASSWORD:

NOTES:

WEBSITE:

LOGIN:

PASSWORD:

NOTES:

WEBSITE:

LOGIN:

PASSWORD:

NOTES:

WEBSITE:

LOGIN:

PASSWORD:

NOTES:

WEBSITE:

LOGIN:

PASSWORD:

NOTES:

WEBSITE:

LOGIN:

PASSWORD:

NOTES:

C

WEBSITE:

LOGIN:

PASSWORD:

NOTES:

WEBSITE:

LOGIN:

PASSWORD:

NOTES:

WEBSITE:

LOGIN:

PASSWORD:

NOTES:

WEBSITE:

LOGIN:

PASSWORD:

NOTES:

C

WEBSITE:

LOGIN:

PASSWORD:

NOTES:

WEBSITE:

LOGIN:

PASSWORD:

NOTES:

WEBSITE:

LOGIN:

PASSWORD:

NOTES:

WEBSITE:

LOGIN:

PASSWORD:

NOTES:

C

WEBSITE:

LOGIN:

PASSWORD:

NOTES:

WEBSITE:

LOGIN:

PASSWORD:

NOTES:

WEBSITE:

LOGIN:

PASSWORD:

NOTES:

WEBSITE:

LOGIN:

PASSWORD:

NOTES:

D

WEBSITE:

LOGIN:

PASSWORD:

NOTES:

WEBSITE:

LOGIN:

PASSWORD:

NOTES:

WEBSITE:

LOGIN:

PASSWORD:

NOTES:

WEBSITE:

LOGIN:

PASSWORD:

NOTES:

D

WEBSITE:

LOGIN:

PASSWORD:

NOTES:

WEBSITE:

LOGIN:

PASSWORD:

NOTES:

WEBSITE:

LOGIN:

PASSWORD:

NOTES:

WEBSITE:

LOGIN:

PASSWORD:

NOTES:

D

WEBSITE:

LOGIN:

PASSWORD:

NOTES:

WEBSITE:

LOGIN:

PASSWORD:

NOTES:

WEBSITE:

LOGIN:

PASSWORD:

NOTES:

WEBSITE:

LOGIN:

PASSWORD:

NOTES:

D

WEBSITE:

LOGIN:

PASSWORD:

NOTES:

WEBSITE:

LOGIN:

PASSWORD:

NOTES:

WEBSITE:

LOGIN:

PASSWORD:

NOTES:

WEBSITE:

LOGIN:

PASSWORD:

NOTES:

WEBSITE:
LOGIN:

PASSWORD:

NOTES:

WEBSITE:
LOGIN:

PASSWORD:

NOTES:

WEBSITE:
LOGIN:

PASSWORD:

NOTES:

WEBSITE:
LOGIN:

PASSWORD:

NOTES:

E

WEBSITE:

LOGIN:

PASSWORD:

NOTES:

WEBSITE:

LOGIN:

PASSWORD:

NOTES:

WEBSITE:

LOGIN:

PASSWORD:

NOTES:

WEBSITE:

LOGIN:

PASSWORD:

NOTES:

E

WEBSITE:

LOGIN:

PASSWORD:

NOTES:

WEBSITE:

LOGIN:

PASSWORD:

NOTES:

WEBSITE:

LOGIN:

PASSWORD:

NOTES:

WEBSITE:

LOGIN:

PASSWORD:

NOTES:

WEBSITE:

LOGIN:

PASSWORD:

NOTES:

WEBSITE:

LOGIN:

PASSWORD:

NOTES:

WEBSITE:

LOGIN:

PASSWORD:

NOTES:

WEBSITE:

LOGIN:

PASSWORD:

NOTES:

F

WEBSITE:

LOGIN:

PASSWORD:

NOTES:

WEBSITE:

LOGIN:

PASSWORD:

NOTES:

WEBSITE:

LOGIN:

PASSWORD:

NOTES:

WEBSITE:

LOGIN:

PASSWORD:

NOTES:

WEBSITE:

LOGIN:

PASSWORD:

NOTES:

WEBSITE:

LOGIN:

PASSWORD:

NOTES:

WEBSITE:

LOGIN:

PASSWORD:

NOTES:

WEBSITE:

LOGIN:

PASSWORD:

NOTES:

F

W E B S I T E :

LOGIN:

PASSWORD:

NOTES:

W E B S I T E :

LOGIN:

PASSWORD:

NOTES:

W E B S I T E :

LOGIN:

PASSWORD:

NOTES:

W E B S I T E :

LOGIN:

PASSWORD:

NOTES:

WEBSITE:

LOGIN:

PASSWORD:

NOTES:

WEBSITE:

LOGIN:

PASSWORD:

NOTES:

WEBSITE:

LOGIN:

PASSWORD:

NOTES:

WEBSITE:

LOGIN:

PASSWORD:

NOTES:

WEBSITE :
LOGIN:

PASSWORD:

NOTES:

WEBSITE :
LOGIN:

PASSWORD:

NOTES:

WEBSITE :
LOGIN:

PASSWORD:

NOTES:

WEBSITE :
LOGIN:

PASSWORD:

NOTES:

WEBSITE:

LOGIN:

PASSWORD:

NOTES:

WEBSITE:

LOGIN:

PASSWORD:

NOTES:

WEBSITE:

LOGIN:

PASSWORD:

NOTES:

WEBSITE:

LOGIN:

PASSWORD:

NOTES:

G

WEBSITE:

LOGIN:

PASSWORD:

NOTES:

WEBSITE:

LOGIN:

PASSWORD:

NOTES:

WEBSITE:

LOGIN:

PASSWORD:

NOTES:

WEBSITE:

LOGIN:

PASSWORD:

NOTES:

G

WEBSITE:

LOGIN:

PASSWORD:

NOTES:

WEBSITE:

LOGIN:

PASSWORD:

NOTES:

WEBSITE:

LOGIN:

PASSWORD:

NOTES:

WEBSITE:

LOGIN:

PASSWORD:

NOTES:

H

W E B S I T E :

LOGIN:

PASSWORD:

NOTES:

W E B S I T E :

LOGIN:

PASSWORD:

NOTES:

W E B S I T E :

LOGIN:

PASSWORD:

NOTES:

W E B S I T E :

LOGIN:

PASSWORD:

NOTES:

WEBSITE:

LOGIN:

PASSWORD:

NOTES:

WEBSITE:

LOGIN:

PASSWORD:

NOTES:

WEBSITE:

LOGIN:

PASSWORD:

NOTES:

WEBSITE:

LOGIN:

PASSWORD:

NOTES:

WEBSITE :

LOGIN:

PASSWORD:

NOTES:

WEBSITE :

LOGIN:

PASSWORD:

NOTES:

WEBSITE :

LOGIN:

PASSWORD:

NOTES:

WEBSITE :

LOGIN:

PASSWORD:

NOTES:

H

WEBSITE:

LOGIN:

PASSWORD:

NOTES:

WEBSITE:

LOGIN:

PASSWORD:

NOTES:

WEBSITE:

LOGIN:

PASSWORD:

NOTES:

WEBSITE:

LOGIN:

PASSWORD:

NOTES:

I

WEBSITE:

LOGIN:

PASSWORD:

NOTES:

WEBSITE:

LOGIN:

PASSWORD:

NOTES:

WEBSITE:

LOGIN:

PASSWORD:

NOTES:

WEBSITE:

LOGIN:

PASSWORD:

NOTES:

I

WEBSITE:

LOGIN:

PASSWORD:

NOTES:

WEBSITE:

LOGIN:

PASSWORD:

NOTES:

WEBSITE:

LOGIN:

PASSWORD:

NOTES:

WEBSITE:

LOGIN:

PASSWORD:

NOTES:

I

WEBSITE:

LOGIN:

PASSWORD:

NOTES:

WEBSITE:

LOGIN:

PASSWORD:

NOTES:

WEBSITE:

LOGIN:

PASSWORD:

NOTES:

WEBSITE:

LOGIN:

PASSWORD:

NOTES:

I

WEBSITE:

LOGIN:

PASSWORD:

NOTES:

WEBSITE:

LOGIN:

PASSWORD:

NOTES:

WEBSITE:

LOGIN:

PASSWORD:

NOTES:

WEBSITE:

LOGIN:

PASSWORD:

NOTES:

J

WEBSITE:

LOGIN:

PASSWORD:

NOTES:

WEBSITE:

LOGIN:

PASSWORD:

NOTES:

WEBSITE:

LOGIN:

PASSWORD:

NOTES:

WEBSITE:

LOGIN:

PASSWORD:

NOTES:

WEBSITE:

LOGIN:

PASSWORD:

NOTES:

WEBSITE:

LOGIN:

PASSWORD:

NOTES:

WEBSITE:

LOGIN:

PASSWORD:

NOTES:

WEBSITE:

LOGIN:

PASSWORD:

NOTES:

WEBSITE:

LOGIN:

PASSWORD:

NOTES:

WEBSITE:

LOGIN:

PASSWORD:

NOTES:

WEBSITE:

LOGIN:

PASSWORD:

NOTES:

WEBSITE:

LOGIN:

PASSWORD:

NOTES:

WEBSITE:

LOGIN:

PASSWORD:

NOTES:

WEBSITE:

LOGIN:

PASSWORD:

NOTES:

WEBSITE:

LOGIN:

PASSWORD:

NOTES:

WEBSITE:

LOGIN:

PASSWORD:

NOTES:

WEBSITE:

LOGIN:

PASSWORD:

NOTES:

WEBSITE:

LOGIN:

PASSWORD:

NOTES:

WEBSITE:

LOGIN:

PASSWORD:

NOTES:

WEBSITE:

LOGIN:

PASSWORD:

NOTES:

WEBSITE:

LOGIN:

PASSWORD:

NOTES:

WEBSITE:

LOGIN:

PASSWORD:

NOTES:

WEBSITE:

LOGIN:

PASSWORD:

NOTES:

WEBSITE:

LOGIN:

PASSWORD:

NOTES:

WEBSITE:

LOGIN:

PASSWORD:

NOTES:

WEBSITE:

LOGIN:

PASSWORD:

NOTES:

WEBSITE:

LOGIN:

PASSWORD:

NOTES:

WEBSITE:

LOGIN:

PASSWORD:

NOTES:

K

WEBSITE:

LOGIN:

PASSWORD:

NOTES:

WEBSITE:

LOGIN:

PASSWORD:

NOTES:

WEBSITE:

LOGIN:

PASSWORD:

NOTES:

WEBSITE:

LOGIN:

PASSWORD:

NOTES:

L

WEBSITE:

LOGIN:

PASSWORD:

NOTES:

WEBSITE:

LOGIN:

PASSWORD:

NOTES:

WEBSITE:

LOGIN:

PASSWORD:

NOTES:

WEBSITE:

LOGIN:

PASSWORD:

NOTES:

WEBSITE:

LOGIN:

PASSWORD:

NOTES:

WEBSITE:

LOGIN:

PASSWORD:

NOTES:

WEBSITE:

LOGIN:

PASSWORD:

NOTES:

WEBSITE:

LOGIN:

PASSWORD:

NOTES:

WEBSITE:

LOGIN:

PASSWORD:

NOTES:

WEBSITE:

LOGIN:

PASSWORD:

NOTES:

WEBSITE:

LOGIN:

PASSWORD:

NOTES:

WEBSITE:

LOGIN:

PASSWORD:

NOTES:

L

WEBSITE:

LOGIN:

PASSWORD:

NOTES:

WEBSITE:

LOGIN:

PASSWORD:

NOTES:

WEBSITE:

LOGIN:

PASSWORD:

NOTES:

WEBSITE:

LOGIN:

PASSWORD:

NOTES:

WEBSITE:

LOGIN:

PASSWORD:

NOTES:

WEBSITE:

LOGIN:

PASSWORD:

NOTES:

WEBSITE:

LOGIN:

PASSWORD:

NOTES:

WEBSITE:

LOGIN:

PASSWORD:

NOTES:

WEBSITE:

LOGIN:

PASSWORD:

NOTES:

WEBSITE:

LOGIN:

PASSWORD:

NOTES:

WEBSITE:

LOGIN:

PASSWORD:

NOTES:

WEBSITE:

LOGIN:

PASSWORD:

NOTES:

M

WEBSITE:

LOGIN:

PASSWORD:

NOTES:

WEBSITE:

LOGIN:

PASSWORD:

NOTES:

WEBSITE:

LOGIN:

PASSWORD:

NOTES:

WEBSITE:

LOGIN:

PASSWORD:

NOTES:

WEBSITE:

LOGIN:

PASSWORD:

NOTES:

WEBSITE:

LOGIN:

PASSWORD:

NOTES:

WEBSITE:

LOGIN:

PASSWORD:

NOTES:

WEBSITE:

LOGIN:

PASSWORD:

NOTES:

WEBSITE:

LOGIN:

PASSWORD:

NOTES:

WEBSITE:

LOGIN:

PASSWORD:

NOTES:

WEBSITE:

LOGIN:

PASSWORD:

NOTES:

WEBSITE:

LOGIN:

PASSWORD:

NOTES:

WEBSITE:

LOGIN:

PASSWORD:

NOTES:

WEBSITE:

LOGIN:

PASSWORD:

NOTES:

WEBSITE:

LOGIN:

PASSWORD:

NOTES:

WEBSITE:

LOGIN:

PASSWORD:

NOTES:

WEBSITE:

LOGIN:

PASSWORD:

NOTES:

WEBSITE:

LOGIN:

PASSWORD:

NOTES:

WEBSITE:

LOGIN:

PASSWORD:

NOTES:

WEBSITE:

LOGIN:

PASSWORD:

NOTES:

WEBSITE:

LOGIN:

PASSWORD:

NOTES:

WEBSITE:

LOGIN:

PASSWORD:

NOTES:

WEBSITE:

LOGIN:

PASSWORD:

NOTES:

WEBSITE:

LOGIN:

PASSWORD:

NOTES:

WEBSITE:

LOGIN:

PASSWORD:

NOTES:

WEBSITE:

LOGIN:

PASSWORD:

NOTES:

WEBSITE:

LOGIN:

PASSWORD:

NOTES:

WEBSITE:

LOGIN:

PASSWORD:

NOTES:

O

WEBSITE:

LOGIN:

PASSWORD:

NOTES:

WEBSITE:

LOGIN:

PASSWORD:

NOTES:

WEBSITE:

LOGIN:

PASSWORD:

NOTES:

WEBSITE:

LOGIN:

PASSWORD:

NOTES:

WEBSITE:

LOGIN:

PASSWORD:

NOTES:

WEBSITE:

LOGIN:

PASSWORD:

NOTES:

WEBSITE:

LOGIN:

PASSWORD:

NOTES:

WEBSITE:

LOGIN:

PASSWORD:

NOTES:

WEBSITE:

LOGIN:

PASSWORD:

NOTES:

WEBSITE:

LOGIN:

PASSWORD:

NOTES:

WEBSITE:

LOGIN:

PASSWORD:

NOTES:

WEBSITE:

LOGIN:

PASSWORD:

NOTES:

P

WEBSITE:

LOGIN:

PASSWORD:

NOTES:

WEBSITE:

LOGIN:

PASSWORD:

NOTES:

WEBSITE:

LOGIN:

PASSWORD:

NOTES:

WEBSITE:

LOGIN:

PASSWORD:

NOTES:

WEBSITE:

LOGIN:

PASSWORD:

NOTES:

WEBSITE:

LOGIN:

PASSWORD:

NOTES:

WEBSITE:

LOGIN:

PASSWORD:

NOTES:

WEBSITE:

LOGIN:

PASSWORD:

NOTES:

P

WEBSITE:

LOGIN:

PASSWORD:

NOTES:

WEBSITE:

LOGIN:

PASSWORD:

NOTES:

WEBSITE:

LOGIN:

PASSWORD:

NOTES:

WEBSITE:

LOGIN:

PASSWORD:

NOTES:

WEBSITE:

LOGIN:

PASSWORD:

NOTES:

WEBSITE:

LOGIN:

PASSWORD:

NOTES:

WEBSITE:

LOGIN:

PASSWORD:

NOTES:

WEBSITE:

LOGIN:

PASSWORD:

NOTES:

WEBSITE:

LOGIN:

PASSWORD:

NOTES:

WEBSITE:

LOGIN:

PASSWORD:

NOTES:

WEBSITE:

LOGIN:

PASSWORD:

NOTES:

WEBSITE:

LOGIN:

PASSWORD:

NOTES:

Q

WEBSITE:

LOGIN:

PASSWORD:

NOTES:

WEBSITE:

LOGIN:

PASSWORD:

NOTES:

WEBSITE:

LOGIN:

PASSWORD:

NOTES:

WEBSITE:

LOGIN:

PASSWORD:

NOTES:

WEBSITE:

LOGIN:

PASSWORD:

NOTES:

WEBSITE:

LOGIN:

PASSWORD:

NOTES:

WEBSITE:

LOGIN:

PASSWORD:

NOTES:

WEBSITE:

LOGIN:

PASSWORD:

NOTES:

WEBSITE:

LOGIN:

PASSWORD:

NOTES:

WEBSITE:

LOGIN:

PASSWORD:

NOTES:

WEBSITE:

LOGIN:

PASSWORD:

NOTES:

WEBSITE:

LOGIN:

PASSWORD:

NOTES:

WEBSITE:

LOGIN:

PASSWORD:

NOTES:

WEBSITE:

LOGIN:

PASSWORD:

NOTES:

WEBSITE:

LOGIN:

PASSWORD:

NOTES:

WEBSITE:

LOGIN:

PASSWORD:

NOTES:

WEBSITE:

LOGIN:

PASSWORD:

NOTES:

WEBSITE:

LOGIN:

PASSWORD:

NOTES:

WEBSITE:

LOGIN:

PASSWORD:

NOTES:

WEBSITE:

LOGIN:

PASSWORD:

NOTES:

R

WEBSITE:

LOGIN:

PASSWORD:

NOTES:

WEBSITE:

LOGIN:

PASSWORD:

NOTES:

WEBSITE:

LOGIN:

PASSWORD:

NOTES:

WEBSITE:

LOGIN:

PASSWORD:

NOTES:

R

WEBSITE:

LOGIN:

PASSWORD:

NOTES:

WEBSITE:

LOGIN:

PASSWORD:

NOTES:

WEBSITE:

LOGIN:

PASSWORD:

NOTES:

WEBSITE:

LOGIN:

PASSWORD:

NOTES:

S

WEBSITE:

LOGIN:

PASSWORD:

NOTES:

WEBSITE:

LOGIN:

PASSWORD:

NOTES:

WEBSITE:

LOGIN:

PASSWORD:

NOTES:

WEBSITE:

LOGIN:

PASSWORD:

NOTES:

S

WEBSITE:

LOGIN:

PASSWORD:

NOTES:

WEBSITE:

LOGIN:

PASSWORD:

NOTES:

WEBSITE:

LOGIN:

PASSWORD:

NOTES:

WEBSITE:

LOGIN:

PASSWORD:

NOTES:

WEBSITE:

LOGIN:

PASSWORD:

NOTES:

WEBSITE:

LOGIN:

PASSWORD:

NOTES:

WEBSITE:

LOGIN:

PASSWORD:

NOTES:

WEBSITE:

LOGIN:

PASSWORD:

NOTES:

S

WEBSITE:

LOGIN:

PASSWORD:

NOTES:

WEBSITE:

LOGIN:

PASSWORD:

NOTES:

WEBSITE:

LOGIN:

PASSWORD:

NOTES:

WEBSITE:

LOGIN:

PASSWORD:

NOTES:

WEBSITE:

LOGIN:

PASSWORD:

NOTES:

WEBSITE:

LOGIN:

PASSWORD:

NOTES:

WEBSITE:

LOGIN:

PASSWORD:

NOTES:

WEBSITE:

LOGIN:

PASSWORD:

NOTES:

WEBSITE:

LOGIN:

PASSWORD:

NOTES:

WEBSITE:

LOGIN:

PASSWORD:

NOTES:

WEBSITE:

LOGIN:

PASSWORD:

NOTES:

WEBSITE:

LOGIN:

PASSWORD:

NOTES:

WEBSITE:

LOGIN:

PASSWORD:

NOTES:

WEBSITE:

LOGIN:

PASSWORD:

NOTES:

WEBSITE:

LOGIN:

PASSWORD:

NOTES:

WEBSITE:

LOGIN:

PASSWORD:

NOTES:

WEBSITE:

LOGIN:

PASSWORD:

NOTES:

WEBSITE:

LOGIN:

PASSWORD:

NOTES:

WEBSITE:

LOGIN:

PASSWORD:

NOTES:

WEBSITE:

LOGIN:

PASSWORD:

NOTES:

WEBSITE:

LOGIN:

PASSWORD:

NOTES:

WEBSITE:

LOGIN:

PASSWORD:

NOTES:

WEBSITE:

LOGIN:

PASSWORD:

NOTES:

WEBSITE:

LOGIN:

PASSWORD:

NOTES:

WEBSITE:

LOGIN:

PASSWORD:

NOTES:

WEBSITE:

LOGIN:

PASSWORD:

NOTES:

WEBSITE:

LOGIN:

PASSWORD:

NOTES:

WEBSITE:

LOGIN:

PASSWORD:

NOTES:

WEBSITE:

LOGIN:

PASSWORD:

NOTES:

WEBSITE:

LOGIN:

PASSWORD:

NOTES:

WEBSITE:

LOGIN:

PASSWORD:

NOTES:

WEBSITE:

LOGIN:

PASSWORD:

NOTES:

WEBSITE:

LOGIN:

PASSWORD:

NOTES:

WEBSITE:

LOGIN:

PASSWORD:

NOTES:

WEBSITE:

LOGIN:

PASSWORD:

NOTES:

WEBSITE:

LOGIN:

PASSWORD:

NOTES:

WEBSITE:

LOGIN:

PASSWORD:

NOTES:

WEBSITE:

LOGIN:

PASSWORD:

NOTES:

WEBSITE:

LOGIN:

PASSWORD:

NOTES:

WEBSITE:

LOGIN:

PASSWORD:

NOTES:

WEBSITE:

LOGIN:

PASSWORD:

NOTES:

WEBSITE:

LOGIN:

PASSWORD:

NOTES:

WEBSITE:

LOGIN:

PASSWORD:

NOTES:

WEBSITE:

LOGIN:

PASSWORD:

NOTES:

WEBSITE:

LOGIN:

PASSWORD:

NOTES:

WEBSITE:

LOGIN:

PASSWORD:

NOTES:

WEBSITE:

LOGIN:

PASSWORD:

NOTES:

WEBSITE:

LOGIN:

PASSWORD:

NOTES:

WEBSITE:

LOGIN:

PASSWORD:

NOTES:

WEBSITE:

LOGIN:

PASSWORD:

NOTES:

WEBSITE:

LOGIN:

PASSWORD:

NOTES:

WEBSITE:

LOGIN:

PASSWORD:

NOTES:

WEBSITE:

LOGIN:

PASSWORD:

NOTES:

WEBSITE:

LOGIN:

PASSWORD:

NOTES:

WEBSITE:

LOGIN:

PASSWORD:

NOTES:

WEBSITE:

LOGIN:

PASSWORD:

NOTES:

WEBSITE:

LOGIN:

PASSWORD:

NOTES:

WEBSITE:

LOGIN:

PASSWORD:

NOTES:

WEBSITE:

LOGIN:

PASSWORD:

NOTES:

WEBSITE:

LOGIN:

PASSWORD:

NOTES:

WEBSITE:

LOGIN:

PASSWORD:

NOTES:

WEBSITE:

LOGIN:

PASSWORD:

NOTES:

WEBSITE:

LOGIN:

PASSWORD:

NOTES:

WEBSITE:

LOGIN:

PASSWORD:

NOTES:

W E B S I T E :

LOGIN:

PASSWORD:

NOTES:

W E B S I T E :

LOGIN:

PASSWORD:

NOTES:

W E B S I T E :

LOGIN:

PASSWORD:

NOTES:

W E B S I T E :

LOGIN:

PASSWORD:

NOTES:

X

WEBSITE:

LOGIN:

PASSWORD:

NOTES:

WEBSITE:

LOGIN:

PASSWORD:

NOTES:

WEBSITE:

LOGIN:

PASSWORD:

NOTES:

WEBSITE:

LOGIN:

PASSWORD:

NOTES:

WEBSITE:

LOGIN:

PASSWORD:

NOTES:

WEBSITE:

LOGIN:

PASSWORD:

NOTES:

WEBSITE:

LOGIN:

PASSWORD:

NOTES:

WEBSITE:

LOGIN:

PASSWORD:

NOTES:

X

WEBSITE:

LOGIN:

PASSWORD:

NOTES:

WEBSITE:

LOGIN:

PASSWORD:

NOTES:

WEBSITE:

LOGIN:

PASSWORD:

NOTES:

WEBSITE:

LOGIN:

PASSWORD:

NOTES:

WEBSITE:

LOGIN:

PASSWORD:

NOTES:

WEBSITE:

LOGIN:

PASSWORD:

NOTES:

WEBSITE:

LOGIN:

PASSWORD:

NOTES:

WEBSITE:

LOGIN:

PASSWORD:

NOTES:

WEBSITE:

LOGIN:

PASSWORD:

NOTES:

WEBSITE:

LOGIN:

PASSWORD:

NOTES:

WEBSITE:

LOGIN:

PASSWORD:

NOTES:

WEBSITE:

LOGIN:

PASSWORD:

NOTES:

Y

WEBSITE:

LOGIN:

PASSWORD:

NOTES:

WEBSITE:

LOGIN:

PASSWORD:

NOTES:

WEBSITE:

LOGIN:

PASSWORD:

NOTES:

WEBSITE:

LOGIN:

PASSWORD:

NOTES:

Y

WEBSITE:

LOGIN:

PASSWORD:

NOTES:

WEBSITE:

LOGIN:

PASSWORD:

NOTES:

WEBSITE:

LOGIN:

PASSWORD:

NOTES:

WEBSITE:

LOGIN:

PASSWORD:

NOTES:

WEBSITE:

LOGIN:

PASSWORD:

NOTES:

WEBSITE:

LOGIN:

PASSWORD:

NOTES:

WEBSITE:

LOGIN:

PASSWORD:

NOTES:

WEBSITE:

LOGIN:

PASSWORD:

NOTES:

WEBSITE:

LOGIN:

PASSWORD:

NOTES:

WEBSITE:

LOGIN:

PASSWORD:

NOTES:

WEBSITE:

LOGIN:

PASSWORD:

NOTES:

WEBSITE:

LOGIN:

PASSWORD:

NOTES:

WEBSITE:

LOGIN:

PASSWORD:

NOTES:

WEBSITE:

LOGIN:

PASSWORD:

NOTES:

WEBSITE:

LOGIN:

PASSWORD:

NOTES:

WEBSITE:

LOGIN:

PASSWORD:

NOTES:

Z

WEBSITE:

LOGIN:

PASSWORD:

NOTES:

WEBSITE:

LOGIN:

PASSWORD:

NOTES:

WEBSITE:

LOGIN:

PASSWORD:

NOTES:

WEBSITE:

LOGIN:

PASSWORD:

NOTES:

WEBSITE:

LOGIN:

PASSWORD:

NOTES:

WEBSITE:

LOGIN:

PASSWORD:

NOTES:

WEBSITE:

LOGIN:

PASSWORD:

NOTES:

WEBSITE:

LOGIN:

PASSWORD:

NOTES:

WEBSITE:

LOGIN:

PASSWORD:

NOTES:

WEBSITE:

LOGIN:

PASSWORD:

NOTES:

WEBSITE:

LOGIN:

PASSWORD:

NOTES:

WEBSITE:

LOGIN:

PASSWORD:

NOTES:

WEBSITE:

LOGIN:

PASSWORD:

NOTES:

WEBSITE:

LOGIN:

PASSWORD:

NOTES:

WEBSITE:

LOGIN:

PASSWORD:

NOTES:

WEBSITE:

LOGIN:

PASSWORD:

NOTES:

WEBSITE:

LOGIN:

PASSWORD:

NOTES:

WEBSITE:

LOGIN:

PASSWORD:

NOTES:

WEBSITE:

LOGIN:

PASSWORD:

NOTES:

WEBSITE:

LOGIN:

PASSWORD:

NOTES:

WEBSITE:

LOGIN:

PASSWORD:

NOTES:

WEBSITE:

LOGIN:

PASSWORD:

NOTES:

WEBSITE:

LOGIN:

PASSWORD:

NOTES:

WEBSITE:

LOGIN:

PASSWORD:

NOTES:

www.ingramcontent.com/pod-product-compliance
Lightning Source LLC
Chambersburg PA
CBHW070438180526
45158CB00019B/1622

* 9 7 8 1 0 8 6 7 9 2 5 7 7 *